TABLE OF CONTENTS

Section 1 (Addition)

	Page
A- Adding digits (0-10)	2-6
B- Adding digits (0-10 (missing addend))	7-11
C- Adding 3 numbers	12-16
D- Adding 3 numbers (missing addend)	17-21
E- Adding whole tens	22-26
F- Adding whole tens (missing addend)	27-31
G- Adding whole tens 3 addends	32-36
H- Adding whole tens 3 addends (missing addends)	37-41
I- Adding whole hundreds	42-46
J- Adding whole hundreds (missing addends)	47-51

Section 2 (Subtraction)

	Page
A- Subtracting digits (0-10)	52-56
B- Subtracting digits (0-10) (missing minuend or subtrahend)	57-61
C- Subtracting digits (0-20)	62-66
D- Subtracting digits (0-20) (missing minuend or subtrahend)	67-71
E- Subtracting whole tens	72-76
F- Subtracting whole tens (missing minuend or subtrahend)	77-81
G- Subtracting whole hundreds	82-86
H- Subtracting whole hundreds (missing minuend or subtrahend)	87-91
I- Mixed addition and subtraction	92-99
J- Answers	100

Name : ....
Date : ....

score /20

time :

A- Adding digits : 0-10

① 8 + 2 =
② 8 + 1 =
③ 4 + 3 =
④ 2 + 2 =
⑤ 7 + 7 =
⑥ 7 + 5 =
⑦ 8 + 4 =
⑧ 9 + 7 =
⑨ 9 + 1 =
⑩ 10 + 7 =
⑪ 10 + 4 =
⑫ 2 + 1 =
⑬ 3 + 2 =
⑭ 5 + 2 =
⑮ 6 + 5 =
⑯ 7 + 6 =
⑰ 7 + 1 =
⑱ 9 + 9 =
⑲ 9 + 2 =
⑳ 10 + 8 =

Name : ....

Date : ....

score /20

time :

A- Adding digits : 0-10

① 1 + 1 =

② 10 + 1 =

③ 9 + 5 =

④ 9 + 6 =

⑤ 10 + 9 =

⑥ 5 + 1 =

⑦ 8 + 8 =

⑧ 7 + 4 =

⑨ 7 + 3 =

⑩ 6 + 2 =

⑪ 6 + 4 =

⑫ 3 + 1 =

⑬ 5 + 4 =

⑭ 8 + 6 =

⑮ 3 + 3 =

⑯ 4 + 1 =

⑰ 9 + 3 =

⑱ 10 + 6 =

⑲ 10 + 3 =

⑳ 10 + 5 =

Name : ....

Date : ....

score /20

time :

A- Adding digits : 0-10

1) 10 + 2 =

2) 10 + 10 =

3) 9 + 4 =

4) 9 + 8 =

5) 4 + 4 =

6) 4 + 2 =

7) 6 + 6 =

8) 6 + 1 =

9) 7 + 2 =

10) 6 + 3 =

11) 8 + 7 =

12) 8 + 5 =

13) 8 + 3 =

14) 5 + 5 =

15) 5 + 3 =

16) 5 + 4 =

17) 8 + 6 =

18) 3 + 3 =

19) 7 + 5 =

20) 8 + 4 =

Name : ....
Date : ....

score /20

time :

A- Adding digits : 0-10

1) 8 + 2 =
2) 8 + 1 =
3) 4 + 3 =
4) 2 + 2 =

5) 7 + 7 =
6) 7 + 5 =
7) 8 + 4 =
8) 9 + 7 =

9) 9 + 1 =
10) 1 + 1 =
11) 10 + 1 =
12) 9 + 5 =

13) 9 + 6 =
14) 10 + 9 =
15) 5 + 1 =
16) 8 + 8 =

17) 7 + 4 =
18) 7 + 3 =
19) 6 + 2 =
20) 8 + 3 =

Name: ....
Date: ....

score /20

time :

A- Adding digits : 0-10

1) 10 + 4 =

2) 2 + 1 =

3) 3 + 2 =

4) 5 + 2 =

5) 6 + 5 =

6) 7 + 6 =

7) 7 + 1 =

8) 9 + 9 =

9) 9 + 2 =

10) 10 + 8 =

11) 3 + 1 =

12) 5 + 4 =

13) 8 + 6 =

14) 3 + 3 =

15) 4 + 1 =

16) 9 + 3 =

17) 10 + 6 =

18) 10 + 3 =

19) 10 + 5 =

20) 8 + 8 =

Name: ....
Date: ....

score /20

time :

B- Adding digits (0-10) : missing addend

① 6 + ☐ = 14
② 8 + ☐ = 16
③ ☐ + 8 = 18
④ ☐ + 2 = 11
⑤ 3 + ☐ = 12
⑥ 1 + ☐ = 11
⑦ 6 + ☐ = 13
⑧ ☐ + 4 = 14
⑨ 1 + ☐ = 3
⑩ ☐ + 8 = 16
⑪ ☐ + 9 = 19
⑫ ☐ + 1 = 9
⑬ ☐ + 7 = 16
⑭ ☐ + 2 = 7
⑮ 4 + ☐ = 12
⑯ 5 + ☐ = 12
⑰ ☐ + 4 = 9
⑱ ☐ + 4 = 11
⑲ ☐ + 3 = 13
⑳ 3 + ☐ = 10

Name : ....
Date : ....

score /20

time :

B- Adding digits (0-10) : missing addend

① 8 + ☐ = 18

② ☐ + 1 = 2

③ 2 + ☐ = 4

④ ☐ + 3 = 6

⑤ ☐ + 3 = 10

⑥ ☐ + 3 = 11

⑦ ☐ + 9 = 18

⑧ 9 + ☐ = 11

⑨ 3 + ☐ = 6

⑩ 8 + ☐ = 16

⑪ 6 + ☐ = 16

⑫ ☐ + 5 = 12

⑬ ☐ + 2 = 10

⑭ 1 + ☐ = 2

⑮ 6 + ☐ = 15

⑯ 2 + ☐ = 8

⑰ ☐ + 5 = 11

⑱ ☐ + 6 = 13

⑲ 6 + ☐ = 14

⑳ 1 + ☐ = 6

8

Name : ....

Date : ....

score /20

time :

B- Adding digits (0-10) : missing addend

① 5 + ___ = 15

② 1 + ___ = 5

③ 1 + ___ = 4

④ 1 + ___ = 8

⑤ ___ + 3 = 7

⑥ 7 + ___ = 14

⑦ ___ + 5 = 14

⑧ 4 + ___ = 11

⑨ 2 + ___ = 7

⑩ ___ + 1 = 6

⑪ ___ + 2 = 5

⑫ 5 + ___ = 11

⑬ 2 + ___ = 11

⑭ ___ + 4 = 12

⑮ ___ + 1 = 10

⑯ ___ + 6 = 16

⑰ ___ + 7 = 16

⑱ 2 + ___ = 5

⑲ ___ + 4 = 9

⑳ ___ + 1 = 5

9

Name : ....

Date : ....

score /20

time :

B- Adding digits (0-10) : missing addend

1) 4 + ___ = 13

2) 3 + ___ = 12

3) 3 + ___ = 6

4) 1 + ___ = 8

5) ___ + 5 = 15

6) 2 + ___ = 12

7) 10 + ___ = 20

8) 2 + ___ = 10

9) ___ + 2 = 6

10) ___ + 1 = 9

11) 7 + ___ = 14

12) 5 + ___ = 10

13) 3 + ___ = 7

14) ___ + 3 = 13

15) 4 + ___ = 8

16) 2 + ___ = 4

17) 5 + ___ = 12

18) 9 + ___ = 19

19) ___ + 8 = 17

20) 2 + ___ = 9

Name: ....
Date: ....

score /20   time :

B- Adding digits (0-10) : missing addend

1) 4 + ___ = 9
2) 6 + ___ = 14
3) 3 + ___ = 9
4) ___ + 3 = 8

5) ___ + 2 = 8
6) ___ + 7 = 15
7) ___ + 4 = 10
8) 3 + ___ = 11

9) 1 + ___ = 4
10) 6 + ___ = 12
11) 1 + ___ = 7
12) ___ + 1 = 11

13) ___ + 5 = 13
14) 5 + ___ = 14
15) 4 + ___ = 14
16) 1 + ___ = 3

17) 6 + ___ = 15
18) 1 + ___ = 10
19) ___ + 7 = 17
20) 4 + ___ = 12

Name: ....
Date: ....

score /20

time :

C- Adding 3 numbers

① 3 + 6 + 7 =

② 9 + 9 + 9 =

③ 5 + 4 + 5 =

④ 7 + 4 + 4 =

⑤ 3 + 2 + 2 =

⑥ 5 + 4 + 4 =

⑦ 1 + 3 + 3 =

⑧ 1 + 1 + 1 =

⑨ 2 + 2 + 2 =

⑩ 6 + 3 + 3 =

⑪ 7 + 3 + 4 =

⑫ 3 + 7 + 8 =

⑬ 1 + 6 + 7 =

⑭ 1 + 0 + 0 =

⑮ 0 + 3 + 4 =

⑯ 3 + 8 + 9 =

⑰ 6 + 1 + 2 =

⑱ 2 + 6 + 6 =

⑲ 4 + 1 + 2 =

⑳ 1 + 5 + 5 =

Name : ....

Date : ....

score /20

time :

C- Adding 3 numbers

① 4 + 7 + 7 =

② 3 + 6 + 6 =

③ 1 + 5 + 6 =

④ 2 + 5 + 6 =

⑤ 6 + 1 + 1 =

⑥ 6 + 3 + 4 =

⑦ 6 + 9 + 9 =

⑧ 5 + 0 + 0 =

⑨ 7 + 5 + 5 =

⑩ 3 + 7 + 7 =

⑪ 3 + 1 + 1 =

⑫ 1 + 4 + 5 =

⑬ 4 + 8 + 9 =

⑭ 9 + 6 + 7 =

⑮ 7 + 5 + 6 =

⑯ 0 + 0 + 0 =

⑰ 2 + 4 + 4 =

⑱ 5 + 1 + 1 =

⑲ 4 + 3 + 4 =

⑳ 4 + 8 + 8 =

Name : ....
Date : ....

score /20

time :

C- Adding 3 numbers

① 2 + 0 + 1 =

② 4 + 2 + 3 =

③ 6 + 2 + 3 =

④ 7 + 6 + 6 =

⑤ 2 + 6 + 7 =

⑥ 0 + 4 + 5 =

⑦ 9 + 3 + 4 =

⑧ 6 + 2 + 2 =

⑨ 3 + 5 + 5 =

⑩ 8 + 3 + 3 =

⑪ 7 + 3 + 3 =

⑫ 6 + 4 + 4 =

⑬ 5 + 8 + 8 =

⑭ 2 + 7 + 8 =

⑮ 0 + 5 + 6 =

⑯ 1 + 7 + 7 =

⑰ 1 + 2 + 2 =

⑱ 4 + 6 + 6 =

⑲ 4 + 7 + 8 =

⑳ 3 + 9 + 9 =

Name : ....
Date : ....

score /20

time :

C- Adding 3 numbers

1) 4 + 5 + 6 =	2) 2 + 8 + 8 =	3) 0 + 5 + 5 =	4) 0 + 2 + 2 =
5) 7 + 8 + 9 =	6) 6 + 7 + 8 =	7) 5 + 6 + 7 =	8) 8 + 9 + 9 =
9) 1 + 2 + 3 =	10) 7 + 8 + 8 =	11) 4 + 5 + 5 =	12) 0 + 2 + 3 =
13) 6 + 7 + 7 =	14) 0 + 6 + 6 =	15) 2 + 3 + 4 =	16) 5 + 6 + 6 =
17) 3 + 4 + 4 =	18) 5 + 9 + 9 =	19) 3 + 4 + 5 =	20) 5 + 7 + 8 =

Name : ....
Date : ....

score /20

time :

C- Adding 3 numbers

1) 2 + 7 + 7 =

2) 1 + 6 + 6 =

3) 4 + 6 + 7 =

4) 5 + 8 + 9 =

5) 0 + 4 + 4 =

6) 3 + 5 + 6 =

7) 4 + 9 + 9 =

8) 1 + 3 + 4 =

9) 3 + 8 + 8 =

10) 0 + 1 + 2 =

11) 6 + 8 + 9 =

12) 2 + 5 + 5 =

13) 2 + 4 + 5 =

14) 1 + 4 + 4 =

15) 6 + 8 + 8 =

16) 5 + 7 + 7 =

17) 0 + 3 + 3 =

18) 0 + 1 + 1 =

19) 7 + 9 + 9 =

20) 2 + 3 + 3 =

Name : ....

Date : ....

score /20

time :

D- Adding 3 numbers : missing addend

① 7 + 0 + ___ = 7

② 7 + 2 + ___ = 12

③ 9 + ___ + 1 = 11

④ 9 + 2 + ___ = 13

⑤ 9 + 4 + ___ = 18

⑥ 8 + ___ + 2 = 12

⑦ 3 + 0 + ___ = 4

⑧ 8 + 0 + ___ = 9

⑨ 9 + 9 + ___ = 27

⑩ 8 + 5 + ___ = 19

⑪ 8 + ___ + 7 = 23

⑫ 7 + ___ + 2 = 12

⑬ 8 + ___ + 5 = 18

⑭ 9 + 7 + ___ = 23

⑮ 7 + 4 + ___ = 16

⑯ 8 + 7 + ___ = 22

⑰ 9 + ___ + 8 = 26

⑱ ___ + 5 + 3 = 11

⑲ ___ + 9 + 2 = 14

⑳ ___ + 5 + 2 = 9

Name : ....

Date : ....

score /20

time :

D- Adding 3 numbers : missing addend

① 4 + 1 + ☐ = 6

② ☐ + 4 + 0 = 4

③ ☐ + 7 + 0 = 8

④ 7 + ☐ + 6 = 20

⑤ 8 + 3 + ☐ = 15

⑥ 1 + 8 + ☐ = 11

⑦ 4 + 3 + ☐ = 10

⑧ 9 + 3 + ☐ = 15

⑨ 9 + ☐ + 6 = 22

⑩ ☐ + 5 + 4 = 13

⑪ 9 + 3 + ☐ = 16

⑫ 5 + 7 + ☐ = 18

⑬ ☐ + 7 + 3 = 14

⑭ ☐ + 8 + 3 = 14

⑮ 8 + ☐ + 0 = 8

⑯ 8 + 2 + ☐ = 13

⑰ 3 + 1 + ☐ = 6

⑱ ☐ + 9 + 5 = 19

⑲ 9 + ☐ + 7 = 24

⑳ 5 + ☐ + 5 = 15

Name: ....

Date: ....

score /20

time :

D- Adding 3 numbers : missing addend

1) 9 + 1 + ___ = 12

2) 9 + ___ + 5 = 20

3) 9 + 0 + ___ = 9

4) 9 + ___ + 4 = 17

5) ___ + 7 + 1 = 10

6) 8 + 8 + ___ = 24

7) 8 + ___ + 1 = 10

8) 8 + ___ + 4 = 17

9) 3 + 2 + ___ = 8

10) 8 + 6 + ___ = 21

11) ___ + 9 + 8 = 25

12) 9 + ___ + 6 = 21

13) 4 + ___ + 2 = 8

14) 8 + ___ + 6 = 20

15) 8 + 4 + ___ = 16

16) 6 + ___ + 5 = 16

17) 2 + 1 + ___ = 5

18) 3 + 0 + ___ = 3

19) ___ + 7 + 1 = 9

20) 5 + ___ + 0 = 6

Name: ....
Date: ....

score /20

time :

D- Adding 3 numbers : missing addend

① 6 + 0 + ☐ = 6
② 6 + 6 + ☐ = 18
③ 5 + 1 + ☐ = 8
④ 4 + 4 + ☐ = 12
⑤ ☐ + 6 + 3 = 12
⑥ 6 + ☐ + 2 = 10
⑦ 6 + ☐ + 1 = 8
⑧ 0 + ☐ + 0 = 0
⑨ 6 + 3 + ☐ = 13
⑩ 1 + 1 + ☐ = 3
⑪ 2 + ☐ + 2 = 6
⑫ 7 + 3 + ☐ = 13
⑬ 1 + ☐ + 0 = 1
⑭ 6 + 4 + ☐ = 14
⑮ 6 + ☐ + 4 = 15
⑯ 1 + 0 + ☐ = 2
⑰ 1 + 2 + ☐ = 4
⑱ 4 + 0 + ☐ = 5
⑲ 6 + 5 + ☐ = 17
⑳ ☐ + 6 + 0 = 7

D- Adding 3 numbers : missing addend

1) ___ + 5 + 3 = 12

2) ___ + 5 + 2 = 10

3) ___ + 7 + 7 = 21

4) ___ + 7 + 2 = 11

5) ___ + 5 + 1 = 7

6) ___ + 7 + 6 = 19

7) ___ + 5 + 0 = 5

8) ___ + 7 + 4 = 15

9) ___ + 5 + 4 = 15

10) ___ + 6 + 2 = 11

11) ___ + 6 + 1 = 9

12) ___ + 4 + 3 = 11

13) ___ + 7 + 5 = 17

14) ___ + 4 + 2 = 9

15) ___ + 3 + 2 = 7

16) ___ + 3 + 1 = 5

17) ___ + 4 + 1 = 7

18) ___ + 2 + 0 = 3

19) ___ + 3 + 3 = 9

20) ___ + 2 + 0 = 2

Name : ....
Date : ....

score /20

time :

E- Adding whole tens

① 30 + 40 =

② 70 + 30 =

③ 90 + 10 =

④ 90 + 20 =

⑤ 80 + 40 =

⑥ 50 + 20 =

⑦ 80 + 70 =

⑧ 60 + 10 =

⑨ 70 + 20 =

⑩ 50 + 10 =

⑪ 80 + 50 =

⑫ 90 + 80 =

⑬ 80 + 60 =

⑭ 90 + 40 =

⑮ 70 + 60 =

⑯ 60 + 40 =

⑰ 90 + 60 =

⑱ 70 + 40 =

⑲ 50 + 10 =

⑳ 80 + 50 =

Name : ....
Date : ....

score /20

time :

E- Adding whole tens

① 50 + 30 =
② 60 + 40 =
③ 20 + 40 =
④ 50 + 40 =
⑤ 30 + 70 =
⑥ 90 + 50 =
⑦ 30 + 10 =
⑧ 80 + 10 =
⑨ 60 + 20 =
⑩ 30 + 60 =
⑪ 90 + 60 =
⑫ 60 + 50 =
⑬ 80 + 70 =
⑭ 10 + 40 =
⑮ 70 + 40 =
⑯ 80 + 40 =
⑰ 70 + 60 =
⑱ 80 + 20 =
⑲ 50 + 10 =
⑳ 50 + 20 =

Name : ....

Date : ....

score /20

time :

E- Adding whole tens

① 60 + 20 =

② 70 + 30 =

③ 80 + 50 =

④ 90 + 30 =

⑤ 30 + 10 =

⑥ 30 + 50 =

⑦ 60 + 30 =

⑧ 60 + 20 =

⑨ 50 + 60 =

⑩ 90 + 60 =

⑪ 30 + 80 =

⑫ 70 + 10 =

⑬ 20 + 40 =

⑭ 70 + 50 =

⑮ 90 + 70 =

⑯ 30 + 80 =

⑰ 80 + 80 =

⑱ 50 + 40 =

⑲ 30 + 20 =

⑳ 60 + 10 =

24

Name : ....

Date : ....

score /20

time :

E- Adding whole tens

① 80 + 10 =

② 70 + 20 =

③ 90 + 50 =

④ 90 + 80 =

⑤ 70 + 10 =

⑥ 80 + 20 =

⑦ 30 + 90 =

⑧ 10 + 10 =

⑨ 10 + 20 =

⑩ 20 + 20 =

⑪ 50 + 50 =

⑫ 90 + 90 =

⑬ 30 + 30 =

⑭ 90 + 40 =

⑮ 90 + 10 =

⑯ 40 + 40 =

⑰ 60 + 60 =

⑱ 10 + 40 =

⑲ 90 + 20 =

⑳ 40 + 40 =

Name : ....

Date : ....

score /20

time :

E- Adding whole tens

1) 70 + 30 =	2) 80 + 40 =	3) 50 + 50 =	4) 20 + 10 =
5) 90 + 60 =	6) 60 + 60 =	7) 50 + 10 =	8) 80 + 80 =
9) 60 + 20 =	10) 20 + 20 =	11) 30 + 30 =	12) 70 + 50 =
13) 70 + 70 =	14) 80 + 60 =	15) 30 + 20 =	16) 40 + 30 =
17) 90 + 70 =	18) 90 + 90 =	19) 20 + 10 =	20) 70 + 70 =

Name : ....
Date : ....

score /20

time :

F- Adding whole tens : missing addend

1) 60 + ___ = 120
2) ___ + 80 = 130
3) 50 + ___ = 60
4) 70 + ___ = 90

5) ___ + 60 = 100
6) 90 + ___ = 150
7) 80 + ___ = 110
8) 40 + ___ = 70

9) ___ + 70 = 100
10) 80 + ___ = 120
11) 40 + ___ = 50
12) 60 + ___ = 100

13) ___ + 80 = 90
14) 90 + ___ = 110
15) 40 + ___ = 80
16) 90 + ___ = 140

17) ___ + 90 = 170
18) 80 + ___ = 160
19) 70 + ___ = 110
20) 60 + ___ = 80

Name : ....
Date : ....

score /20

time :

F- Adding whole tens : missing addend

1) 60 + ___ = 70

2) ___ + 70 = 100

3) 50 + ___ = 90

4) 40 + ___ = 50

5) ___ + 80 = 100

6) 50 + ___ = 70

7) 50 + ___ = 90

8) 60 + ___ = 70

9) ___ + 90 = 130

10) 50 + ___ = 60

11) 90 + ___ = 150

12) 90 + ___ = 110

13) ___ + 50 = 80

14) 60 + ___ = 90

15) 80 + ___ = 150

16) 50 + ___ = 60

17) ___ + 90 = 160

18) 50 + ___ = 70

19) 80 + ___ = 140

20) 60 + ___ = 120

Name : ....
Date : ....

score /20

time :

F- Adding whole tens : missing addend

1) 50 + ___ = 60
2) ___ + 70 = 130
3) 80 + ___ = 130
4) 80 + ___ = 150

5) ___ + 40 = 60
6) 70 + ___ = 100
7) 60 + ___ = 110
8) 70 + ___ = 130

9) ___ + 70 = 120
10) 70 + ___ = 110
11) 90 + ___ = 100
12) 80 + ___ = 120

13) ___ + 30 = 50
14) 30 + ___ = 40
15) 60 + ___ = 80
16) 90 + ___ = 180

17) ___ + 60 = 80
18) 40 + ___ = 60
19) 40 + ___ = 80
20) 40 + ___ = 70

29

Name: ....
Date: ....

score /20   time :

F- Adding whole tens : missing addend

① ___ + 90 = 140
② 90 + ___ = 160
③ 30 + ___ = 50
④ ___ + 80 = 160
⑤ 70 + ___ = 140
⑥ 80 + ___ = 90
⑦ 70 + ___ = 90
⑧ ___ + 60 = 80
⑨ ___ + 80 = 100
⑩ 70 + ___ = 100
⑪ 30 + ___ = 40
⑫ ___ + 90 = 130
⑬ ___ + 80 = 130
⑭ 20 + ___ = 30
⑮ 70 + ___ = 80
⑯ 90 + ___ = 120
⑰ 50 + ___ = 80
⑱ ___ + 90 = 150
⑲ ___ + 90 = 170
⑳ 10 + ___ = 20

Name : ....
Date : ....

score /20

time :

F- Adding whole tens : missing addend

① ___ + 70 = 140

② 80 + ___ = 140

③ 20 + ___ = 40

④ ___ + 90 = 100

⑤ 20 + ___ = 40

⑥ 50 + ___ = 100

⑦ 30 + ___ = 60

⑧ ___ + 30 = 90

⑨ ___ + 70 = 120

⑩ 90 + ___ = 120

⑪ 10 + ___ = 20

⑫ ___ + 80 = 120

⑬ ___ + 90 = 180

⑭ 50 + ___ = 100

⑮ 80 + ___ = 110

⑯ 70 + ___ = 80

⑰ 20 + ___ = 30

⑱ ___ + 60 = 110

⑲ ___ + 90 = 150

⑳ 60 + ___ = 90

31

Name : ....
Date : ....

score /20

time :

G- Adding whole tens 3 addends

① 50 + 60 + 60 =

② 10 + 40 + 40 =

③ 80 + 50 + 50 =

④ 80 + 60 + 60 =

⑤ 90 + 60 + 60 =

⑥ 60 + 80 + 90 =

⑦ 10 + 20 + 30 =

⑧ 70 + 60 + 60 =

⑨ 70 + 50 + 50 =

⑩ 60 + 20 + 20 =

⑪ 60 + 40 + 40 =

⑫ 50 + 80 + 90 =

⑬ 60 + 70 + 70 =

⑭ 70 + 30 + 30 =

⑮ 50 + 90 + 90 =

⑯ 50 + 20 + 20 =

⑰ 80 + 30 + 30 =

⑱ 20 + 80 + 90 =

⑲ 90 + 40 + 40 =

⑳ 20 + 20 + 20 =

Name : ....

Date : ....

score /20

time :

G- Adding whole tens 3 addends

① 20 + 60 + 60 =

② 20 + 70 + 70 =

③ 50 + 40 + 40 =

④ 50 + 70 + 70 =

⑤ 70 + 80 + 80 =

⑥ 70 + 70 + 70 =

⑦ 20 + 40 + 40 =

⑧ 80 + 70 + 70 =

⑨ 90 + 80 + 80 =

⑩ 20 + 70 + 80 =

⑪ 90 + 50 + 50 =

⑫ 50 + 80 + 80 =

⑬ 50 + 70 + 80 =

⑭ 60 + 90 + 90 =

⑮ 60 + 50 + 50 =

⑯ 70 + 90 + 90 =

⑰ 10 + 10 + 10 =

⑱ 80 + 90 + 90 =

⑲ 90 + 90 + 90 =

⑳ 20 + 60 + 70 =

Name : ....
Date : ....

score /20

time :

G- Adding whole tens 3 addends

1) 80 + 10 + 20 =

2) 90 + 70 + 70 =

3) 80 + 40 + 40 =

4) 80 + 80 + 80 =

5) 50 + 50 + 50 =

6) 50 + 30 + 30 =

7) 60 + 60 + 60 =

8) 60 + 10 + 10 =

9) 10 + 80 + 90 =

10) 60 + 30 + 30 =

11) 70 + 40 + 40 =

12) 70 + 20 + 20 =

13) 20 + 50 + 50 =

14) 50 + 10 + 10 =

15) 60 + 80 + 80 =

16) 30 + 60 + 70 =

17) 10 + 90 + 90 =

18) 10 + 70 + 80 =

19) 40 + 60 + 70 =

20) 30 + 90 + 90 =

Name: ……………………………………
Date: ……………………………………

score /20

time :

G- Adding whole tens 3 addends

1) 30 + 10 + 10 =

2) 30 + 50 + 60 =

3) 30 + 80 + 80 =

4) 20 + 30 + 30 =

5) 30 + 80 + 90 =

6) 30 + 30 + 30 =

7) 30 + 20 + 20 =

8) 10 + 20 + 20 =

9) 40 + 70 + 70 =

10) 10 + 30 + 30 =

11) 10 + 60 + 60 =

12) 40 + 20 + 20 =

13) 10 + 40 + 40 =

14) 30 + 70 + 80 =

15) 40 + 60 + 60 =

16) 10 + 50 + 50 =

17) 10 + 70 + 70 =

18) 20 + 50 + 60 =

19) 40 + 50 + 50 =

20) 40 + 60 + 70 =

35

Name : ....
Date : ....

score /20

time :

G- Adding whole tens 3 addends

1) 30 + 60 + 60 =

2) 30 + 70 + 70 =

3) 40 + 70 + 80 =

4) 40 + 10 + 10 =

5) 20 + 10 + 10 =

6) 40 + 80 + 90 =

7) 30 + 40 + 40 =

8) 40 + 30 + 30 =

9) 30 + 50 + 50 =

10) 40 + 80 + 80 =

11) 40 + 90 + 90 =

12) 20 + 80 + 80 =

13) 40 + 40 + 40 =

14) 20 + 90 + 90 =

15) 10 + 50 + 60 =

16) 10 + 60 + 70 =

17) 20 + 40 + 50 =

18) 10 + 30 + 40 =

19) 10 + 40 + 50 =

20) 10 + 80 + 80 =

Name : ....
Date : ....

score /20

time :

H- Adding whole tens 3 addends : missing addends

1) + 50
    +
    + 60
    = 170

2) + 30
    + 10
    +
    = 70

3) +
    + 50
    + 80
    = 180

4) + 80
    +
    + 60
    = 200

5) + 60
    +
    + 90
    = 210

6) + 60
    +
    + 80
    = 230

7) + 20
    + 20
    +
    = 70

8) +
    + 70
    + 60
    = 190

9) +
    + 70
    + 50
    = 170

10) + 60
    +
    + 20
    = 100

11) + 40
    + 60
    +
    = 140

12) + 50
    + 80
    +
    = 220

13) + 60
    + 70
    +
    = 200

14) +
    + 70
    + 30
    = 130

15) + 90
    + 50
    +
    = 230

16) + 50
    +
    + 20
    = 90

17) + 90
    +
    + 30
    = 150

18) + 20
    + 80
    +
    = 190

19) +
    + 40
    + 80
    = 160

20) + 20
    + 20
    +
    = 60

37

Name : ....
Date : ....

score /20

time :

H- Adding whole tens 3 addends : missing addends

1)	+ 20 + 60 = 140
2)	+ 20 + 70 + ___ = 160
3)	+ ___ + 50 + 40 = 130
4)	+ 50 + ___ + 70 = 190

5)	+ 70 + ___ + 80 = 230
6)	+ 70 + ___ + 70 = 210
7)	+ 20 + 40 + ___ = 100
8)	+ ___ + 80 + 70 = 220

9)	+ ___ + 80 + 90 = 250
10)	+ 20 + ___ + 80 = 170
11)	+ 50 + 90 + ___ = 190
12)	+ 50 + 80 + ___ = 210

13)	+ 50 + 80 + ___ = 200
14)	+ ___ + 60 + 90 = 240
15)	+ 60 + 50 + ___ = 160
16)	+ 90 + ___ + 70 = 250

17)	+ 10 + ___ + 10 = 30
18)	+ 80 + 90 + ___ = 260
19)	+ ___ + 90 + 90 = 270
20)	+ 20 + 70 + ___ = 150

Name: ....
Date: ....

score /20

time :

H- Adding whole tens 3 addends : missing addends

1) + 10 + __ + 20 = 50

2) + 90 + 70 + __ = 230

3) + __ + 40 + 80 = 160

4) + 80 + __ + 80 = 240

5) + 50 + __ + 50 = 150

6) + 50 + __ + 30 = 110

7) + 60 + 60 + __ = 180

8) + __ + 70 + 10 = 90

9) + __ + 10 + 80 = 180

10) + 60 + __ + 30 = 120

11) + 40 + 70 + __ = 150

12) + 20 + 80 + __ = 120

13) + 20 + 50 + __ = 120

14) + __ + 60 + 10 = 80

15) + 80 + 60 + __ = 220

16) + 30 + __ + 60 = 160

17) + 10 + __ + 90 = 190

18) + 10 + 70 + __ = 160

19) + __ + 60 + 50 = 180

20) + 30 + 90 + __ = 210

Name: ....

Date: ....

score /20

time :

H- Adding whole tens 3 addends : missing addends

① 40 + ___ + 10 = 60

② ___ + 30 + 50 = 140

③ 30 + 80 + ___ = 190

④ ___ + 20 + 30 = 80

⑤ 30 + ___ + 80 = 200

⑥ 30 + 30 + ___ = 90

⑦ 30 + 20 + ___ = 70

⑧ 10 + ___ + 20 = 50

⑨ ___ + 40 + 70 = 180

⑩ 10 + ___ + 30 = 70

⑪ 10 + 60 + ___ = 130

⑫ 40 + ___ + 20 = 80

⑬ 10 + 40 + ___ = 90

⑭ ___ + 30 + 70 = 180

⑮ 40 + ___ + 60 = 160

⑯ 10 + 50 + ___ = 110

⑰ ___ + 10 + 70 = 150

⑱ 20 + 50 + ___ = 130

⑲ 40 + ___ + 50 = 140

⑳ 40 + ___ + 60 = 170

40

Name : ....
Date : ....

score /20

time :

H- Adding whole tens 3 addends : missing addends

① 30 +   + 60 = 150

② ___ + 30 + 70 = 170

③ 40 +   + 70 = 190

④ 40 +   + 10 = 60

⑤ 30 +   + 10 = 50

⑥ 80 + 40 +   = 210

⑦ 30 + 40 +   = 110

⑧ 40 + 30 +   = 100

⑨   + 30 + 50 = 130

⑩ 40 +   + 80 = 200

⑪   + 40 + 90 = 220

⑫ 20 + 80 +   = 180

⑬ 40 + 40 +   = 120

⑭   + 20 + 90 = 200

⑮ 10 +   + 50 = 120

⑯ 10 +   + 60 = 140

⑰   + 20 + 40 = 110

⑱ 10 + 30 +   = 80

⑲ 10 + 40 +   = 100

⑳ 10 +   + 80 = 170

Name : ....

Date : ....

score /20

time :

I- Adding whole hundreds

① 800 + 600 + 500 =

② 500 + 100 + 700 =

③ 600 + 500 + 500 =

④ 900 + 400 + 400 =

⑤ 900 + 200 + 200 =

⑥ 800 + 200 + 100 =

⑦ 800 + 700 =

⑧ 600 + 200 + 200 =

⑨ 700 + 300 + 300 =

⑩ 700 + 400 + 400 =

⑪ 500 + 200 + 200 =

⑫ 800 + 500 + 400 =

⑬ 700 + 200 + 100 =

⑭ 900 + 500 + 500 =

⑮ 600 + 300 + 200 =

⑯ 800 + 400 + 300 =

⑰ 800 + 200 + 200 =

⑱ 700 + 400 =

⑲ 900 + 400 + 100 =

⑳ 800 + 500 =

Name : ....
Date : ....

score /20

time :

I- Adding whole hundreds

① 300 + 500 =

② 600 + 400 =

③ 600 + 200 + 100 =

④ 900 + 700 + 600 =

⑤ 900 + 600 + 600 =

⑥ 500 + 800 + 100 =

⑦ 300 + 100 =

⑧ 800 + 300 + 300 =

⑨ 700 + 400 + 400 =

⑩ 600 + 300 =

⑪ 800 + 300 + 300 =

⑫ 500 + 200 + 100 =

⑬ 700 + 400 + 300 =

⑭ 900 + 400 + 300 =

⑮ 900 + 200 + 100 =

⑯ 400 + 700 + 700 =

⑰ 700 + 600 =

⑱ 600 + 700 + 100 =

⑲ 900 + 300 + 300 =

⑳ 500 + 200 =

Name : ....

Date : ....

score /20

time :

I- Adding whole hundreds

① 900 + 200 + 200 =

② 800 + 500 + 100 =

③ 700 + 600 + 100 =

④ 700 + 200 + 200 =

⑤ 900 + 600 + 500 =

⑥ 700 + 300 + 200 =

⑦ 900 + 300 + 200 =

⑧ 800 + 500 + 500 =

⑨ 600 + 500 =

⑩ 600 + 300 + 300 =

⑪ 800 + 400 + 400 =

⑫ 500 + 600 + 600 =

⑬ 400 + 200 =

⑭ 900 + 500 + 400 =

⑮ 800 + 300 + 200 =

⑯ 800 + 300 =

⑰ 800 + 800 =

⑱ 500 + 400 =

⑲ 700 + 500 + 400 =

⑳ 600 + 100 =

Name : ....

Date : ....

score /20

time :

I- Adding whole hundreds

1) 800 + 100 =

2) 700 + 200 =

3) 900 + 500 =

4) 900 + 800 =

5) 700 + 100 =

6) 800 + 200 =

7) 900 + 300 =

8) 100 + 100 =

9) 300 + 200 + 100 =

10) 200 + 200 =

11) 500 + 500 =

12) 500 + 300 + 200 =

13) 300 + 300 =

14) 900 + 400 =

15) 900 + 100 =

16) 400 + 400 =

17) 600 + 600 =

18) 400 + 100 =

19) 900 + 200 =

20) 600 + 500 + 400 =

Name : ....
Date : ....

score /20

time :

I- Adding whole hundreds

1) 700 + 300 =	2) 800 + 400 =	3) 700 + 600 =	4) 600 + 400 =
5) 900 + 600 =	6) 800 + 700 =	7) 500 + 100 =	8) 400 + 200 =
9) 600 + 200 + 200 =	10) 400 + 300 =	11) 500 + 400 =	12) 700 + 500 + 700 =
13) 900 + 800 =	14) 800 + 600 =	15) 300 + 200 =	16) 400 + 300 =
17) 900 + 700 =	18) 900 + 900 =	19) 200 + 100 =	20) 700 + 700 =

Name: ....

Date: ....

score /20

time :

J- Adding whole hundreds : missing addends

#	a	b	c	=
1	500	700		1800
2	400		900	1400
3		800	600	1500
4	700		500	1700
5	900	300		1500
6		900	300	1400
7	800		800	1800
8	800	300		1400
9	900	400		1700
10	900		500	1900
11		700	300	1300
12	600	600		1700
13	900		300	1400
14		600	600	1800
15	400	800		1500
16	700	500		1600
17	700		300	1300
18	700	500		1500
19		500	200	900
20	800		600	1600

Name : ....

Date : ....

score /20

time :

J- Adding whole hundreds : missing addends

1) 500 + 400 + ___ = 1100

2) 600 + 500 + ___ = 1300

3) 800 + 300 + ___ = 1300

4) 600 + 200 + ___ = 900

5) 500 + 700 + ___ = 1900

6) 700 + 200 + ___ = 1100

7) 300 + 200 + ___ = 700

8) 600 + 400 + ___ = 1400

9) 900 + 500 + ___ = 1500

10) 600 + 400 + ___ = 1200

11) 900 + 400 + ___ = 1400

12) 700 + 300 + ___ = 1200

13) 900 + 500 + ___ = 1800

14) 900 + 200 + ___ = 1200

15) 600 + 200 + ___ = 1000

16) 600 + 800 + ___ = 1500

17) 700 + 700 + ___ = 1600

18) 800 + 200 + ___ = 1200

19) 800 + 400 + ___ = 1600

20) 500 + 300 + ___ = 1000

Name : ....
Date : ....

score /20

time :

J- Adding whole hundreds : missing addends

1) 100 + 200 + ___ = 600

2) 800 + ___ + 200 = 1200

3) ___ + 900 + 200 = 1300

4) 900 + ___ + 300 = 1500

5) 200 + 700 + ___ = 1000

6) ___ + 900 + 400 = 1600

7) ___ + 500 + 200 = 800

8) 600 + 400 + ___ = 1600

9) 600 + 600 + ___ = 1300

10) 800 + ___ + 400 = 1600

11) ___ + 500 + 500 = 1500

12) 700 + 700 + ___ = 1500

13) 400 + ___ + 300 = 800

14) ___ + 800 + 200 = 1100

15) 800 + 400 + ___ = 1500

16) 400 + 800 + ___ = 1300

17) 900 + ___ + 800 = 2100

18) 500 + 500 + ___ = 1500

19) ___ + 600 + 600 = 2000

20) 600 + ___ + 200 = 1200

49

Name : ....

Date : ....

score /20

time :

J- Adding whole hundreds : missing addends

1) 800 + 200 + ___ = 1200

2) 700 + ___ + 300 = 1500

3) ___ + 900 + 100 = 1700

4) 900 + ___ + 100 = 1300

5) 200 + 700 + ___ = 1800

6) ___ + 800 + 300 = 1500

7) 900 + ___ + 100 = 1200

8) 100 + 200 + ___ = 800

9) 500 + 300 + ___ = 1500

10) 200 + ___ + 300 = 800

11) ___ + 500 + 600 = 2000

12) 700 + 400 + ___ = 1500

13) 400 + ___ + 300 = 1100

14) ___ + 900 + 100 = 1100

15) 200 + 400 + ___ = 800

16) 400 + 500 + ___ = 1000

17) 600 + ___ + 700 = 1500

18) 400 + 200 + ___ = 900

19) ___ + 900 + 100 = 1500

20) 600 + ___ + 800 = 1900

Name: ....
Date: ....

score /20

time :

J- Adding whole hundreds : missing addends

① 700 + ___ + 400 = 1900

② 800 + 500 + ___ = 1500

③ 900 + ___ + 700 = 1900

④ ___ + 800 + 500 = 1600

⑤ 900 + 100 + ___ = 1600

⑥ 400 + ___ + 800 = 1900

⑦ 500 + ___ + 200 = 800

⑧ 600 + 300 + ___ = 1100

⑨ ___ + 600 + 300 = 1200

⑩ 600 + 400 + ___ = 1300

⑪ ___ + 700 + 500 = 1900

⑫ ___ + 700 + 600 = 2000

⑬ 500 + 200 + ___ = 1200

⑭ 700 + 800 + ___ = 2300

⑮ 300 + ___ + 300 = 900

⑯ 400 + 400 + ___ = 1200

⑰ 900 + 100 + ___ = 1900

⑱ 900 + ___ + 200 = 2000

⑲ ___ + 200 + 200 = 800

⑳ 700 + ___ + 800 = 2200

Name : ....
Date : ....

score /20

time :

A- Subtracting digits : 0-10

① 5 - 2 - 2 =

② 9 - 8 - 1 =

③ 8 - 7 - 1 =

④ 8 - 1 - 1 =

⑤ 9 - 4 - 5 =

⑥ 6 - 1 - 3 =

⑦ 8 - 7 - 0 =

⑧ 7 - 1 - 3 =

⑨ 7 - 1 - 4 =

⑩ 6 - 1 - 5 =

⑪ 6 - 1 - 4 =

⑫ 5 - 1 - 3 =

⑬ 6 - 3 - 3 =

⑭ 7 - 1 - 6 =

⑮ 5 - 3 - 1 =

⑯ 6 - 1 - 1 =

⑰ 8 - 2 - 2 =

⑱ 7 - 4 - 0 =

⑲ 9 - 3 - 3 =

⑳ 8 - 5 - 0 =

52

Name : ....

Date : ....

score /20

time :

A- Subtracting digits : 0-10

① 5 - 3 - 0 =

② 6 - 4 - 0 =

③ 5 - 4 - 1 =

④ 5 - 2 - 1 =

⑤ 7 - 2 - 2 =

⑥ 7 - 1 - 2 =

⑦ 3 - 1 - 0 =

⑧ 7 - 3 - 4 =

⑨ 9 - 1 - 2 =

⑩ 6 - 3 - 0 =

⑪ 9 - 2 - 7 =

⑫ 5 - 1 - 2 =

⑬ 5 - 3 - 2 =

⑭ 6 - 2 - 1 =

⑮ 6 - 4 - 1 =

⑯ 7 - 3 - 3 =

⑰ 7 - 6 - 0 =

⑱ 7 - 2 - 3 =

⑲ 8 - 3 - 3 =

⑳ 5 - 2 - 0 =

Name: ....
Date: ....

score /20

time :

A- Subtracting digits : 0-10

① 9 - 4 - 4 =
② 9 - 2 - 2 =
③ 8 - 4 - 4 =
④ 7 - 2 - 4 =
⑤ 5 - 2 - 3 =
⑥ 5 - 1 - 4 =
⑦ 6 - 3 - 1 =
⑧ 7 - 1 - 1 =
⑨ 6 - 5 - 0 =
⑩ 6 - 5 - 1 =
⑪ 7 - 1 - 5 =
⑫ 7 - 2 - 2 =
⑬ 4 - 2 - 0 =
⑭ 6 - 2 - 2 =
⑮ 6 - 1 - 2 =
⑯ 8 - 3 - 0 =
⑰ 8 - 8 - 0 =
⑱ 5 - 4 - 0 =
⑲ 5 - 1 - 1 =
⑳ 6 - 1 - 0 =

Name: ....

Date: ....

score /20

time :

A- Subtracting digits : 0-10

1) 8 − 1 − 0 =

2) 7 − 2 − 0 =

3) 9 − 5 − 0 =

4) 9 − 8 − 0 =

5) 7 − 1 − 0 =

6) 8 − 2 − 0 =

7) 9 − 3 − 0 =

8) 1 − 1 − 0 =

9) 2 − 1 − 1 =

10) 2 − 2 − 0 =

11) 5 − 5 − 0 =

12) 4 − 3 − 1 =

13) 3 − 3 − 0 =

14) 9 − 4 − 0 =

15) 9 − 1 − 0 =

16) 4 − 4 − 0 =

17) 6 − 6 − 0 =

18) 4 − 1 − 0 =

19) 9 − 2 − 0 =

20) 3 − 1 − 2 =

Name : ....
Date : ....

score /20

time :

A- Subtracting digits : 0-10

1) 7 - 3 - 0 =

2) 8 - 4 - 0 =

3) 4 - 1 - 1 =

4) 4 - 1 - 3 =

5) 9 - 6 - 0 =

6) 4 - 2 - 2 =

7) 5 - 1 - 0 =

8) 4 - 1 - 2 =

9) 6 - 2 - 0 =

10) 3 - 1 - 1 =

11) 3 - 2 - 1 =

12) 7 - 5 - 0 =

13) 4 - 2 - 1 =

14) 8 - 6 - 0 =

15) 3 - 2 - 0 =

16) 4 - 3 - 0 =

17) 9 - 7 - 0 =

18) 9 - 9 - 0 =

19) 2 - 1 - 0 =

20) 7 - 7 - 0 =

56

Name : ....
Date : ....

B- Subtracting 3 digits : missing minuend or subtrahend

① 8 -   - 0 = 0

② 7 -   - 0 = 0

③ 3 -   - 1 = 1

④ 6 -   - 0 = 4

⑤ 4 -   - 0 = 1

⑥ 5 -   - 0 = 0

⑦   - 1 - 1 = 4

⑧   - 3 - 0 = 4

⑨   - 4 - 0 = 4

⑩   - 4 - 0 = 0

⑪ 9 -   - 0 = 5

⑫ 7 -   - 0 = 5

⑬ 1 -   - 0 = 0

⑭ 4 - 1 -   = 0

⑮ 6 -   - 0 = 5

⑯ 8 -   - 0 = 6

⑰ 7 -   - 0 = 2

⑱ 7 - 3 -   = 0

⑲ 9 -   - 0 = 0

⑳ 9 -   - 2 = 6

Name: ....
Date : ....

score /20

time :

B- Subtracting 3 digits : missing minuend or subtrahend

① 8 - ⬚ - 0 = 3

② 5 - ⬚ - 0 = 2

③ 9 - ⬚ - 0 = 1

④ 5 - ⬚ - 0 = 1

⑤ 4 - ⬚ - 0 = 3

⑥ 3 - ⬚ - 2 = 0

⑦ 7 - ⬚ - 0 = 3

⑧ 4 - ⬚ - 2 = 1

⑨ 8 - ⬚ - 0 = 2

⑩ 3 - ⬚ - 0 = 2

⑪ ⬚ - 7 - 0 = 2

⑫ ⬚ - 1 - 1 = 3

⑬ ⬚ - 1 - 0 = 7

⑭ ⬚ - 2 - 0 = 0

⑮ ⬚ - 3 - 0 = 0

⑯ ⬚ - 2 - 0 = 7

⑰ ⬚ - 3 - 1 = 1

⑱ 4 - 2 - ⬚ = 0

⑲ 4 - 2 - ⬚ = 1

⑳ 7 - 1 - ⬚ = 4

Name: ....
Date: ....

score /20

time :

B- Subtracting 3 digits : missing minuend or subtrahend

1) ☐ − 1 − 0 = 1
2) ☐ − 2 − 0 = 1
3) ☐ − 2 − 1 = 0
4) ☐ − 1 − 0 = 4

5) ☐ − 5 − 0 = 4
6) ☐ − 1 − 0 = 6
7) ☐ − 3 − 1 = 0
8) ☐ − 6 − 0 = 0

9) 7 − ☐ − 6 = 0
10) 9 − ☐ − 0 = 8
11) 4 − ☐ − 1 = 2
12) 9 − ☐ − 0 = 3

13) 9 − ☐ − 3 = 3
14) 9 − ☐ − 0 = 6
15) 2 − 1 − ☐ = 0
16) 7 − 2 − ☐ = 2

17) 7 − 1 − ☐ = 3
18) 6 − 3 − ☐ = 0
19) 8 − ☐ − 0 = 5
20) 7 − 3 − ☐ = 1

59

Name: ....

Date: ....

score /20

time :

B- Subtracting 3 digits : missing minuend or subtrahend

① − 4 − 4 = 0

② − 6 − 0 = 1

③ − 4 − 1 = 1

④ − 2 − 2 = 4

⑤ − 2 − 0 = 3

⑥ − 4 − 4 = 1

⑦ − 2 − 2 = 5

⑧ − 2 − 2 = 1

⑨ − 5 − 4 = 0

⑩ − 9 − 1 = 0

⑪ − 9 − 5 = 0

⑫ − 6 − 2 = 2

⑬ − 8 − 1 = 0

⑭ − 8 − 3 = 2

⑮ − 5 − 2 = 0

⑯ − 8 − 1 = 6

⑰ − 6 − 1 − = 2

⑱ − 7 − 2 − = 3

⑲ − 7 − − 4 = 1

⑳ − 6 − 5 − = 1

Name : ....
Date : ....

score /20

time :

B- Subtracting 3 digits : missing minuend or subtrahend

① ☐ - 3 - 2 = 0
② ☐ - 2 - 1 = 3
③ ☐ - 5 - 1 = 0
④ ☐ - 1 - 2 = 3
⑤ ☐ - 3 - 0 = 3
⑥ ☐ - 1 - 5 = 1
⑦ ☐ - 2 - 7 = 0
⑧ ☐ - 2 - 0 = 2
⑨ 5 - ☐ - 2 = 2
⑩ 6 - ☐ - 1 = 2
⑪ 7 - ☐ - 1 = 5
⑫ 6 - ☐ - 0 = 2
⑬ 7 - ☐ - 2 = 3
⑭ 5 - ☐ - 1 = 0
⑮ 6 - 1 - ☐ = 1
⑯ 5 - 1 - ☐ = 1
⑰ 5 - 2 - ☐ = 2
⑱ 7 - 1 - ☐ = 2
⑲ 6 - ☐ - 5 = 0
⑳ 8 - 7 - ☐ = 1

61

Name : ....
Date : ....

score /20

time :

C- Subtracting digits : 0-20

① 20 - 18 =
② 15 - 10 =
③ 20 - 16 =
④ 19 - 15 =
⑤ 11 - 6 =
⑥ 17 - 14 =
⑦ 16 - 16 =
⑧ 11 - 7 =
⑨ 12 - 8 =
⑩ 6 - 2 =
⑪ 20 - 17 =
⑫ 8 - 5 =
⑬ 14 - 11 =
⑭ 14 - 10 =
⑮ 6 - 3 =
⑯ 12 - 9 =
⑰ 7 - 2 =
⑱ 9 - 8 =
⑲ 13 - 8 =
⑳ 10 - 9 =

Name : ....
Date : ....

score /20

time :

C- Subtracting digits : 0-20

① 20 - 20 =
② 2 - 1 =
③ 10 - 7 =
④ 4 - 1 =
⑤ 8 - 4 =
⑥ 10 - 6 =
⑦ 18 - 18 =
⑧ 18 - 14 =
⑨ 9 - 4 =
⑩ 8 - 7 =
⑪ 12 - 7 =
⑫ 5 - 2 =
⑬ 7 - 4 =
⑭ 16 - 13 =
⑮ 19 - 16 =
⑯ 9 - 5 =
⑰ 15 - 15 =
⑱ 16 - 12 =
⑲ 8 - 3 =
⑳ 7 - 6 =

Name : ....

Date : ....

score /20

time :

C- Subtracting digits : 0-20

① 14 - 9 =

② 10 - 5 =

③ 6 - 1 =

④ 17 - 13 =

⑤ 9 - 6 =

⑥ 11 - 8 =

⑦ 18 - 15 =

⑧ 7 - 3 =

⑨ 14 - 14 =

⑩ 5 - 1 =

⑪ 13 - 9 =

⑫ 15 - 11 =

⑬ 19 - 19 =

⑭ 13 - 10 =

⑮ 15 - 12 =

⑯ 19 - 18 =

⑰ 8 - 8 =

⑱ 13 - 13 =

⑲ 19 - 17 =

⑳ 17 - 16 =

Name : ....
Date : ....

score /20

time :

C- Subtracting digits : 0-20

① 6 - 4 =

② 18 - 17 =

③ 16 - 15 =

④ 17 - 17 =

⑤ 3 - 1 =

⑥ 4 - 2 =

⑦ 5 - 3 =

⑧ 1 - 1 =

⑨ 9 - 7 =

⑩ 2 - 2 =

⑪ 5 - 5 =

⑫ 17 - 15 =

⑬ 3 - 3 =

⑭ 20 - 19 =

⑮ 8 - 6 =

⑯ 4 - 4 =

⑰ 6 - 6 =

⑱ 6 - 5 =

⑲ 7 - 5 =

⑳ 12 - 10 =

Name : ....

Date : ....

score /20

time :

C- Subtracting digits : 0-20

① 14 − 13 =

② 15 − 14 =

③ 13 − 11 =

④ 18 − 16 =

⑤ 11 − 10 =

⑥ 14 − 12 =

⑦ 12 − 11 =

⑧ 16 − 14 =

⑨ 13 − 12 =

⑩ 10 − 8 =

⑪ 11 − 9 =

⑫ 3 − 2 =

⑬ 15 − 13 =

⑭ 4 − 3 =

⑮ 11 − 11 =

⑯ 12 − 12 =

⑰ 5 − 4 =

⑱ 9 − 9 =

⑲ 10 − 10 =

⑳ 7 − 7 =

Name: ....
Date: ....

score /20

time :

D- Subtracting digits 0-20 : missing minuend or subtrahend

1) ☐ − 2 = 10

2) ☐ − 5 = 15

3) ☐ − 1 = 14

4) ☐ − 7 = 13

5) ☐ − 1 = 15

6) ☐ − 6 = 11

7) ☐ − 11 = 6

8) ☐ − 7 = 12

9) ☐ − 8 = 12

10) 14 − ☐ = 12

11) 20 − ☐ = 11

12) 17 − ☐ = 10

13) 14 − ☐ = 11

14) 15 − ☐ = 13

15) 15 − ☐ = 10

16) 12 − ☐ = 11

17) 17 − ☐ = 14

18) 16 − ☐ = 7

19) 18 − ☐ = 15

20) 17 − ☐ = 7

Name : ....
Date : ....

score /20

time :

D- Subtracting digits 0-20 : missing minuend or subtrahend

① 8 -   = 7
② 9 -   = 7
③ 19 -   = 10
④ 13 -   = 10
⑤ 16 -   = 12
⑥ 18 -   = 12
⑦ 19 -   = 6
⑧ 19 -   = 13
⑨ 19 -   = 14
⑩ 15 -   = 7
⑪   - 2 = 15
⑫   - 4 = 10
⑬   - 6 = 10
⑭   - 5 = 11
⑮   - 8 = 11
⑯   - 5 = 12
⑰   -10 = 6
⑱   - 4 = 13
⑲   - 4 = 14
⑳   - 7 = 7

Name: ....
Date: ....

score /20

time :

D- Subtracting digits 0-20 : missing minuend or subtrahend

1) ___ − 4 = 15

2) ___ − 6 = 14

3) ___ − 2 = 14

4) ___ − 5 = 13

5) ___ − 8 = 10

6) ___ − 10 = 10

7) ___ − 7 = 11

8) ___ − 3 = 12

9) ___ − 9 = 6

10) 13 − ___ = 12

11) 14 − ___ = 13

12) 16 − ___ = 13

13) 20 − ___ = 6

14) 13 − ___ = 11

15) 15 − ___ = 11

16) 14 − ___ = 8

17) 9 − ___ = 6

18) 14 − ___ = 6

19) 11 − ___ = 10

20) 12 − ___ = 8

Name : ....

Date : ....

score /20

time :

D- Subtracting digits 0-20 : missing minuend or subtrahend

① ___ −11 = 8

② ___ − 5 = 8

③ ___ − 3 = 8

④ ___ −12 = 6

⑤ ___ − 8 = 8

⑥ ___ − 9 = 8

⑦ ___ −10 = 8

⑧ ___ −11 = 5

⑨ ___ − 2 = 9

⑩ ___ −12 = 5

⑪ 20 − ___ = 5

⑫ 19 − ___ = 9

⑬ 18 − ___ = 5

⑭ 15 − ___ = 8

⑮ 10 − ___ = 9

⑯ 19 − ___ = 5

⑰ 7 − ___ = 6

⑱ 13 − ___ = 7

⑲ 20 − ___ = 8

⑳ 14 − ___ = 9

Name: ....
Date: ....

score /20

time :

D- Subtracting digits 0-20 : missing minuend or subtrahend

1)   ☐ − 1 = 8

2)   ☐ − 2 = 8

3)   ☐ − 6 = 9

4)   ☐ − 11 = 9

5)   ☐ − 11 = 7

6)   ☐ − 7 = 9

7)   ☐ − 12 = 7

8)   ☐ − 9 = 9

9)   ☐ − 13 = 7

10) 12 − ☐ = 9

11) 13 − ☐ = 9

12) 10 − ☐ = 7

13) 17 − ☐ = 9

14) 11 − ☐ = 7

15) 12 − ☐ = 6

16) 13 − ☐ = 6

17) 12 − ☐ = 7

18) 10 − ☐ = 6

19) 11 − ☐ = 6

20) 8 − ☐ = 6

Name : ....

Date : ....

score /20

time :

E- Subtracting whole tens

① 563 - 70 =

② 99 - 50 =

③ 65 - 40 =

④ 34 - 30 =

⑤ 77 - 10 =

⑥ 265 - 30 =

⑦ 200 - 20 =

⑧ 70 - 40 =

⑨ 90 - 50 =

⑩ 241 - 80 =

⑪ 274 - 60 =

⑫ 178 - 30 =

⑬ 135 - 90 =

⑭ 89 - 70 =

⑮ 122 - 10 =

⑯ 196 - 70 =

⑰ 99 - 60 =

⑱ 354 - 50 =

⑲ 55 - 30 =

⑳ 387 - 60 =

Name : ....

Date : ....

score /20

time :

E- Subtracting whole tens

① 450 - 60 =

② 465 - 70 =

③ 187 - 50 =

④ 245 - 80 =

⑤ 44 - 10 =

⑥ 56 - 30 =

⑦ 350 - 40 =

⑧ 22 - 20 =

⑨ 85 - 80 =

⑩ 250 - 40 =

⑪ 66 - 20 =

⑫ 268 - 90 =

⑬ 135 - 20 =

⑭ 245 - 20 =

⑮ 298 - 50 =

⑯ 50 - 20 =

⑰ 150 - 10 =

⑱ 97 - 90 =

⑲ 84 - 70 =

⑳ 170 - 30 =

Name : ....
Date : ....

score /20

time :

E- Subtracting whole tens

1) 44
   - 40
   =

2) 96
   - 90
   =

3) 68
   - 50
   =

4) 12
   - 10
   =

5) 164
   - 40
   =

6) 152
   - 60
   =

7) 287
   - 40
   =

8) 210
   - 90
   =

9) 90
   - 70
   =

10) 253
   - 70
   =

11) 77
   - 60
   =

12) 91
   - 80
   =

13) 400
   - 50
   =

14) 152
   - 80
   =

15) 235
   - 10
   =

16) 247
   - 60
   =

17) 90
   - 80
   =

18) 80
   - 60
   =

19) 548
   - 60
   =

20) 123
   - 40
   =

Name: ....

Date: ....

score /20

time :

E- Subtracting whole tens

1) 652 − 20 =

2) 145 − 50 =

3) 852 − 30 =

4) 310 − 30 =

5) 245 − 80 =

6) 245 − 90 =

7) 666 − 10 =

8) 20 − 10 =

9) 548 − 50 =

10) 30 − 20 =

11) 60 − 50 =

12) 254 − 40 =

13) 40 − 30 =

14) 256 − 70 =

15) 632 − 40 =

16) 50 − 40 =

17) 70 − 60 =

18) 155 − 20 =

19) 684 − 30 =

20) 874 − 80 =

Name : ....

Date : ....

score /20

time :

E- Subtracting whole tens

1) 888 - 10 =

2) 985 - 20 =

3) 523 - 90 =

4) 256 - 50 =

5) 354 - 70 =

6) 555 - 10 =

7) 349 - 80 =

8) 321 - 30 =

9) 589 - 90 =

10) 523 - 60 =

11) 569 - 70 =

12) 489 - 80 =

13) 562 - 20 =

14) 421 - 90 =

15) 60 - 40 =

16) 70 - 50 =

17) 160 - 10 =

18) 40 - 20 =

19) 50 - 30 =

20) 80 - 70 =

Name: ....
Date: ....

score /20

time :

F- Subtracting whole tens : missing minuend or subtrahend

1) 852 - ___ = 772
2) 87 - ___ = 27
3) 35 - ___ = 5
4) 25 - ___ = 5

5) 196 - ___ = 126
6) 365 - ___ = 325
7) 47 - ___ = 17
8) 41 - ___ = 31

9) 51 - ___ = 31
10) 658 - ___ = 568
11) 952 - ___ = 882
12) ___ - 40 = 119

13) ___ - 10 = 354
14) ___ - 60 = 28
15) ___ - 20 = 238
16) ___ - 80 = 157

17) ___ - 30 = 148
18) ___ - 60 = 540
19) ___ - 40 = 17
20) ___ - 70 = 630

Name : ....

Date : ....

score /20

time :

F- Subtracting whole tens : missing minuend or subtrahend

① ___ − 70 = 27

② ___ − 80 = 16

③ ___ − 60 = 63

④ ___ − 90 = 873

⑤ ___ − 70 = 630

⑥ ___ − 90 = 810

⑦ ___ − 50 = 17

⑧ ___ − 10 = 5

⑨ ___ − 50 = 137

⑩ ___ − 50 = 450

⑪ ___ − 30 = 17

⑫ 147 − ___ = 137

⑬ 369 − ___ = 339

⑭ 328 − ___ = 298

⑮ 379 − ___ = 319

⑯ 800 − ___ = 720

⑰ 37 − ___ = 17

⑱ 99 − ___ = 19

⑲ 164 − ___ = 124

⑳ 400 − ___ = 360

78

Name : ....
Date : ....

score /20

time :

F- Subtracting whole tens : missing minuend or subtrahend

1) 67 - ___ = 17

2) 152 - ___ = 92

3) 135 - ___ = 115

4) 100 - ___ = 10

5) 357 - ___ = 307

6) 127 - ___ = 57

7) 378 - ___ = 328

8) 600 - ___ = 540

9) ___ - 10 = 7

10) ___ - 80 = 895

11) ___ - 50 = 49

12) ___ - 70 = 7

13) ___ - 60 = 27

14) ___ - 90 = 367

15) ___ - 20 = 377

16) ___ - 70 = 19

17) ___ - 40 = 5

18) ___ - 90 = 5

19) ___ - 70 = 671

20) ___ - 50 = 37

79

Name : ....
Date : ....

score /20

time :

F- Subtracting whole tens : missing minuend or subtrahend

① ___ - 30 = 112
② ___ - 60 = 9
③ ___ - 40 = 34
④ ___ - 40 = 17
⑤ ___ - 90 = 360
⑥ ___ - 10 = 142
⑦ ___ - 20 = 132
⑧ 88 - ___ = 28
⑨ 244 - ___ = 184
⑩ 77 - ___ = 7
⑪ 15 - ___ = 5
⑫ 654 - ___ = 604
⑬ 99 - ___ = 19
⑭ 98 - ___ = 18
⑮ 124 - ___ = 74
⑯ 100 - ___ = 10
⑰ 25 - ___ = 5
⑱ 300 - ___ = 270
⑲ 165 - ___ = 125
⑳ 555 - ___ = 465

Name : ....

Date : ....

score /20

time :

F- Subtracting whole tens : missing minuend or subtrahend

① 51 -   = 31

② 56 -   = 26

③ 789 -   = 779

④ 987 -   = 927

⑤ 800 -   = 720

⑥ 456 -   = 436

⑦ 900 -   = 810

⑧ 321 -   = 281

⑨ 41 -   = 31

⑩ 333 -   = 263

⑪ 666 -   = 586

⑫ 101 -   = 11

⑬ 123 -   = 93

⑭ 100 -   = 90

⑮ 75 -   = 5

⑯ 85 -   = 5

⑰   - 20 = 180

⑱   - 50 = 5

⑲   - 60 = 6

⑳   - 30 = 5

Name : ....
Date : ....

score /20

time :

G- Subtracting whole hundreds

① 550 - 200 =

② 555 - 400 =

③ 405 - 300 =

④ 390 - 300 =

⑤ 495 - 400 =

⑥ 370 - 200 =

⑦ 400 - 100 =

⑧ 770 - 300 =

⑨ 810 - 300 =

⑩ 570 - 300 =

⑪ 490 - 200 =

⑫ 477 - 200 =

⑬ 250 - 200 =

⑭ 890 - 300 =

⑮ 850 - 200 =

⑯ 921 - 200 =

⑰ 435 - 300 =

⑱ 700 - 200 =

⑲ 525 - 400 =

⑳ 800 - 300 =

82

Name: ....
Date : ....

score /20

time :

G- Subtracting whole hundreds

① 800 - 500 =

② 900 - 600 =

③ 699 - 200 =

④ 650 - 200 =

⑤ 650 - 300 =

⑥ 730 - 300 =

⑦ 600 - 300 =

⑧ 375 - 300 =

⑨ 465 - 400 =

⑩ 600 - 100 =

⑪ 510 - 400 =

⑫ 750 - 200 =

⑬ 366 - 200 =

⑭ 330 - 200 =

⑮ 450 - 200 =

⑯ 690 - 300 =

⑰ 900 - 700 =

⑱ 345 - 300 =

⑲ 450 - 400 =

⑳ 900 - 500 =

Name: ....
Date : ....

score /20

time :

G- Subtracting whole hundreds

① 540 - 400 =

② 480 - 400 =

③ 420 - 300 =

④ 360 - 300 =

⑤ 588 - 200 =

⑥ 810 - 200 =

⑦ 410 - 200 =

⑧ 610 - 300 =

⑨ 800 - 600 =

⑩ 530 - 300 =

⑪ 850 - 300 =

⑫ 930 - 300 =

⑬ 700 - 400 =

⑭ 210 - 200 =

⑮ 290 - 200 =

⑯ 585 - 400 =

⑰ 900 - 800 =

⑱ 700 - 500 =

⑲ 450 - 100 =

⑳ 900 - 100 =

Name: ....
Date: ....

score /20

time :

G- Subtracting whole hundreds

1) 885 − 100 =

2) 570 − 400 =

3) 900 − 200 =

4) 500 − 200 =

5) 465 − 100 =

6) 605 − 100 =

7) 745 − 100 =

8) 200 − 100 =

9) 466 − 100 =

10) 300 − 200 =

11) 600 − 500 =

12) 250 − 100 =

13) 400 − 300 =

14) 325 − 100 =

15) 360 − 100 =

16) 500 − 400 =

17) 700 − 600 =

18) 800 − 400 =

19) 254 − 100 =

20) 784 − 100 =

Name : ....
Date : ....

score /20

time :

G- Subtracting whole hundreds

1) 900 − 300 =

2) 800 − 100 =

3) 455 − 100 =

4) 350 − 100 =

5) 900 − 400 =

6) 566 − 100 =

7) 700 − 100 =

8) 788 − 100 =

9) 800 − 200 =

10) 572 − 100 =

11) 678 − 100 =

12) 500 − 100 =

13) 677 − 100 =

14) 600 − 200 =

15) 500 − 300 =

16) 600 − 400 =

17) 700 − 300 =

18) 300 − 100 =

19) 400 − 200 =

20) 800 − 700 =

Name: ....
Date: ....

H- Subtracting whole hundreds : missing minuend or subtrahend

1) 911 - ___ = 211
2) 937 - ___ = 37
3) 943 - ___ = 43
4) 937 - ___ = 37
5) 979 - ___ = 79
6) 851 - ___ = 51
7) 825 - ___ = 325
8) 921 - ___ = 21
9) 928 - ___ = 28
10) 886 - ___ = 86
11) ___ - 800 = 72
12) ___ - 700 = 246
13) ___ - 800 = 188
14) ___ - 900 = 7
15) ___ - 700 = 232
16) ___ - 800 = 174
17) ___ - 900 = 55
18) ___ - 600 = 108
19) ___ - 900 = 91
20) ___ - 600 = 115

Name : ....
Date : ....

score /20

time :

H- Subtracting whole hundreds : missing minuend or subtrahend

1) 885 - ___ = 385

2) 900 - ___ = 400

3) 960 - ___ = 160

4) 918 - ___ = 218

5) 900 - ___ = 100

6) 914 - ___ = 114

7) 855 - ___ = 355

8) 931 - ___ = 31

9) 967 - ___ = 67

10) 701 - ___ = 101

11) ___ - 900 = 85

12) ___ - 700 = 225

13) ___ - 700 = 239

14) ___ - 800 = 44

15) ___ - 800 = 65

16) ___ - 800 = 107

17) ___ - 500 = 310

18) ___ - 900 = 17

19) ___ - 900 = 61

20) ___ - 500 = 364

Name : ....
Date : ....

score

time

H- Subtracting whole hundreds : missing minuend or subtrahend

1) ___ − 900 = 31

2) ___ − 900 = 73

3) ___ − 900 = 49

4) ___ − 900 = 25

5) ___ − 800 = 153

6) ___ − 800 = 167

7) ___ − 800 = 58

8) ___ − 800 = 93

9) ___ − 500 = 295

10) ___ − 800 = 79

11) 901 − ___ = 1

12) 913 − ___ = 13

13) 870 − ___ = 370

14) 981 − ___ = 181

15) 995 − ___ = 195

16) 778 − ___ = 178

17) 705 − ___ = 305

18) 780 − ___ = 280

19) 904 − ___ = 204

20) 764 − ___ = 164

Name : ....
Date : ....

score /20

time :

H- Subtracting whole hundreds : missing minuend or subtrahend

① ___ − 600 = 213

② ___ − 600 = 171

③ ___ − 600 = 157

④ ___ − 500 = 340

⑤ ___ − 600 = 192

⑥ ___ − 600 = 199

⑦ ___ − 600 = 206

⑧ ___ − 400 = 200

⑨ 834 − ___ = 134

⑩ 615 − ___ = 215

⑪ 660 − ___ = 260

⑫ 890 − ___ = 190

⑬ 630 − ___ = 230

⑭ 785 − ___ = 185

⑮ 827 − ___ = 127

⑯ 645 − ___ = 245

⑰ 675 − ___ = 275

⑱ 802 − ___ = 302

⑲ 820 − ___ = 220

⑳ 855 − ___ = 155

Name : ....

Date : ....

score /20

time :

H- Subtracting whole hundreds : missing minuend or subtrahend

1) 743 - ___ = 143

2) 750 - ___ = 150

3) 862 - ___ = 162

4) 897 - ___ = 197

5) 722 - ___ = 122

6) 869 - ___ = 169

7) 729 - ___ = 129

8) ___ - 700 = 183

9) ___ - 600 = 136

10) ___ - 700 = 141

11) ___ - 700 = 148

12) ___ - 500 = 116

13) ___ - 700 = 176

14) ___ - 500 = 178

15) ___ - 500 = 250

16) ___ - 500 = 265

17) ___ - 500 = 240

18) ___ - 500 = 220

19) ___ - 500 = 235

20) ___ - 400 = 290

Name : ....

Date : ....

score /20

time :

I- Mixed addition and subtraction

① 20 + 21 =

② 56 - 18 =

③ 89 - 31 =

④ 21 + 22 =

⑤ 53 - 12 =

⑥ 155 + 523 =

⑦ 26 + 40 =

⑧ 71 - 13 =

⑨ 24 + 97 =

⑩ 455 + 681 =

⑪ 85 + 52 =

⑫ 28 + 18 =

⑬ 427 - 121 =

⑭ 88 + 28 =

⑮ 67 - 9 =

⑯ 13 + 59 =

⑰ 69 - 11 =

⑱ 79 + 36 =

⑲ 87 - 29 =

⑳ 40 + 65 =

Name: ....
Date: ....

score /20

time :

I- Mixed addition and subtraction

① 63 + 45 =

② 203 - 117 =

③ 563 + 897 =

④ 62 - 30 =

⑤ 80 + 26 =

⑥ 491 + 753 =

⑦ 78 - 20 =

⑧ 92 - 34 =

⑨ 379 - 255 =

⑩ 84 - 26 =

⑪ 62 + 12 =

⑫ 54 + 72 =

⑬ 467 + 705 =

⑭ 64 - 6 =

⑮ 315 - 119 =

⑯ 191 + 655 =

⑰ 74 + 11 =

⑱ 575 + 921 =

⑲ 44 + 79 =

⑳ 539 - 123 =

Name : ....

Date : ....

score /20

time :

I- Mixed addition and subtraction

① 253 - 57 =

② 58 - 22 =

③ 337 -189 =

④ 12 + 96 =

⑤ 335 +441 =

⑥ 77 + 48 =

⑦ 295 -123 =

⑧ 316 -156 =

⑨ 763 -127 =

⑩ 503 +777 =

⑪ 14 + 49 =

⑫ 419 +609 =

⑬ 25 + 78 =

⑭ 85 - 27 =

⑮ 19 + 53 =

⑯ 60 - 26 =

⑰ 275 +321 =

⑱ 75 - 17 =

⑲ 65 - 7 =

⑳ 72 - 14 =

Name : ....

Date : ....

score /20

time :

I- Mixed addition and subtraction

① 65 + 46 =

② 55 + 84 =

③ 23 + 94 =

④ 987 - 785 =

⑤ 86 + 38 =

⑥ 78 + 25 =

⑦ 64 + 23 =

⑧ 99 + 41 =

⑨ 94 - 36 =

⑩ 347 + 465 =

⑪ 47 + 90 =

⑫ 587 + 945 =

⑬ 81 + 8 =

⑭ 63 - 5 =

⑮ 15 + 37 =

⑯ 66 - 8 =

⑰ 323 + 417 =

⑱ 442 - 354 =

⑲ 60 + 15 =

⑳ 311 + 393 =

95

Name: ....
Date: ....

score /20

time :

I- Mixed addition and subtraction

1) 66
  + 16
  =

2) 287
  + 345
  =

3) 70
  − 12
  =

4) 400
  − 288
  =

5) 52
  + 93
  =

6) 527
  + 825
  =

7) 89
  + 4
  =

8) 96
  + 5
  =

9) 41
  + 66
  =

10) 58
  + 24
  =

11) 79
  − 21
  =

12) 274
  − 90
  =

13) 49
  + 80
  =

14) 93
  − 35
  =

15) 46
  + 69
  =

16) 76
  + 10
  =

17) 232
  − 24
  =

18) 73
  − 15
  =

19) 83
  + 51
  =

20) 539
  + 849
  =

Name: ....
Date: ....

score /20

time :

I- Mixed addition and subtraction

1) 82 + 9 =

2) 239 + 831 =

3) 359 + 489 =

4) 61 - 28 =

5) 421 - 321 =

6) 651 - 125 =

7) 179 + 611 =

8) 17 + 64 =

9) 83 - 25 =

10) 80 - 22 =

11) 27 + 30 =

12) 90 - 32 =

13) 51 + 86 =

14) 57 - 20 =

15) 299 + 369 =

16) 358 - 222 =

17) 75 + 50 =

18) 95 - 37 =

19) 50 + 83 =

20) 96 - 38 =

Name: ....

Date: ....

score /20

time :

I- Mixed addition and subtraction

1) 84 + 14 =

2) 88 - 30 =

3) 551 + 873 =

4) 91 - 33 =

5) 599 + 969 =

6) 98 - 40 =

7) 167 + 567 =

8) 55 - 16 =

9) 515 + 801 =

10) 611 + 993 =

11) 59 + 32 =

12) 99 - 41 =

13) 97 + 31 =

14) 43 + 61 =

15) 42 + 67 =

16) 97 - 39 =

17) 443 + 657 =

18) 56 + 59 =

19) 383 + 537 =

20) 68 - 10 =

Name: ....

Date: ....

score /20

time :

I- Mixed addition and subtraction

1) 18 + 27 =

2) 54 - 14 =

3) 57 + 1 =

4) 215 + 743 =

5) 82 - 24 =

6) 74 - 16 =

7) 16 + 7 =

8) 395 + 561 =

9) 61 + 33 =

10) 76 - 18 =

11) 48 + 91 =

12) 52 - 10 =

13) 203 + 699 =

14) 22 + 92 =

15) 11 + 95 =

16) 86 - 28 =

17) 45 + 75 =

18) 81 - 23 =

19) 53 + 88 =

20) 407 + 585 =

J- Answers

	2	3	4	5	6	7	8	9	10	11	12	13	14	15	16	17	18	19	20	21	22	23	24	25	26
1	10	2	12	10	14	8	10	10	9	5	16	18	3	15	16	0	1	2	0	4	70	80	80	90	100
2	9	11	20	9	3	8	1	4	9	8	27	15	9	18	13	3	0	6	6	3	100	100	100	90	120
3	7	14	13	7	5	10	2	3	3	6	14	12	11	10	17	1	1	0	2	7	100	60	130	140	100
4	4	15	17	4	7	9	3	7	7	5	15	13	19	4	22	2	7	4	4	2	110	90	120	170	30
5	14	19	8	14	11	9	7	4	10	6	7	8	15	24	8	5	4	2	3	1	120	100	40	80	150
6	12	6	6	12	13	10	8	7	10	8	13	13	9	21	14	2	2	8	2	6	70	140	80	100	120
7	12	16	12	12	8	7	9	9	10	6	7	24	16	18	22	1	3	1	1	0	150	40	90	120	60
8	16	11	7	16	18	10	2	7	8	8	3	5	10	26	8	1	3	5	0	4	70	90	80	20	160
9	10	10	9	10	11	2	3	5	4	3	6	17	13	6	19	9	7	3	4	5	90	80	110	30	80
10	17	8	9	2	18	8	8	5	8	6	12	17	14	23	3	6	4	7	1	3	60	90	150	40	40
11	14	10	15	11	4	10	10	3	7	6	14	5	13	14	23	8	4	8	2	2	130	150	110	100	60
12	3	4	13	14	9	8	7	6	5	10	18	10	14	5	12	3	6	6	3	4	170	110	80	180	120
13	5	9	11	15	14	9	8	9	4	8	14	21	21	20	11	5	4	2	0	5	140	150	60	60	140
14	7	14	10	19	6	5	1	8	10	9	1	22	17	12	9	7	3	6	4	3	130	50	120	130	140
15	11	6	8	6	5	8	9	9	4	10	7	18	11	9	22	5	0	4	5	2	130	110	160	100	50
16	13	5	9	16	12	7	6	10	2	2	20	0	15	17	19	7	3	5	1	1	100	120	110	80	70
17	8	12	14	11	16	5	6	9	7	9	9	10	5	11	6	9	2	2	1	2	150	130	160	120	160
18	18	16	6	10	13	7	7	3	10	9	14	7	16	23	2	3	5	0	1	1	110	100	90	50	180
19	11	13	12	8	15	10	8	5	9	10	7	11	19	12	25	3	8	1	6	3	60	60	50	110	30
20	18	15	12	11	16	7	5	4	7	8	11	20	21	20	8	2	5	1	1	0	130	70	70	80	140

	27	28	29	30	31	32	33	34	35	36	37	38	39	40	41	42	43	44	45	46	47	48	49	50	51
1	60	10	10	50	70	170	140	110	50	150	60	60	20	10	60	1900	800	1300	900	1000	600	200	300	200	800
2	50	30	60	70	60	90	160	230	140	170	30	70	70	60	70	1300	1000	1400	900	1200	100	200	200	500	200
3	10	40	50	20	20	180	130	160	190	190	50	40	40	80	80	1600	900	1400	1400	1300	100	200	200	700	300
4	20	10	70	80	10	200	190	240	80	60	60	70	80	30	10	1700	2200	1100	1700	1000	500	100	300	300	300
5	40	20	20	70	20	210	230	150	200	40	60	80	50	90	10	1300	2100	2000	800	1500	300	700	100	900	600
6	60	20	30	10	50	230	210	110	90	210	90	70	30	30	90	1100	1400	1200	1000	1500	200	200	300	400	700
7	30	40	50	20	30	60	100	180	70	110	30	40	60	20	40	1500	400	1400	1200	600	200	200	100	200	100
8	30	10	60	20	60	190	220	80	50	100	60	70	10	20	30	1000	1400	1800	200	600	300	400	600	500	200
9	30	40	50	20	50	170	250	180	180	130	50	80	90	70	50	1300	1500	1100	600	1000	400	100	100	700	300
10	40	10	40	30	30	100	170	120	70	200	20	70	30	30	80	1500	900	1200	400	700	500	200	400	300	300
11	10	60	10	10	10	140	190	150	130	220	40	50	40	60	90	900	1400	1600	1000	900	300	100	500	900	700
12	40	20	40	40	40	220	210	110	80	180	90	80	20	20	80	1700	800	1700	1000	1900	500	200	100	400	700
13	10	30	20	50	90	200	200	120	90	120	70	70	50	40	40	1000	1400	600	600	1700	200	400	100	400	500
14	20	30	10	10	50	130	240	70	180	200	30	90	10	80	90	1900	1600	1800	1300	1400	600	100	100	100	800
15	40	70	20	10	30	230	160	220	160	120	90	50	80	60	60	1100	1200	1300	1000	500	300	200	300	200	300
16	50	10	90	30	30	90	250	160	110	140	20	90	70	50	70	1500	1800	1100	800	700	400	100	100	100	400
17	80	70	20	30	10	140	30	190	150	110	30	10	90	70	50	1200	1300	1600	1200	1600	300	200	400	200	900
18	80	20	20	60	50	190	260	160	130	80	90	90	80	60	40	1100	1400	900	500	1800	300	200	500	300	900
19	40	60	40	80	60	170	270	170	140	100	40	90	70	50	50	1400	1500	1600	1100	300	200	400	500	500	400
20	20	60	30	10	30	60	150	210	170	170	20	60	90	70	80	1300	700	700	1500	1400	200	200	400	500	700

	52	53	54	55	56	57	58	59	60	61	62	63	64	65	66	67	68	69	70	71	72	73	74	75	76
1	1	2	1	7	4	8	5	2	8	5	2	0	5	2	1	12	1	19	19	9	493	390	4	632	878
2	0	2	5	5	4	7	3	3	7	6	5	1	5	1	1	20	2	20	13	10	49	395	6	95	965
3	0	0	0	4	2	1	8	3	6	6	4	3	5	1	2	15	9	16	11	15	25	137	18	822	433
4	6	2	1	1	0	2	4	5	8	6	4	3	4	0	2	20	3	18	18	20	4	165	2	280	206
5	0	3	0	6	3	3	1	9	5	6	5	4	3	2	1	16	4	18	16	18	67	34	124	165	284
6	2	4	0	6	0	5	1	7	9	7	3	4	3	2	2	17	6	20	17	16	235	26	92	155	545
7	1	2	2	6	4	6	4	4	9	9	0	0	3	2	1	17	13	18	18	19	180	310	247	656	269
8	3	0	5	0	1	7	1	6	5	4	4	4	4	0	2	19	6	15	16	18	30	2	120	10	291
9	2	6	1	0	4	8	6	1	1	1	4	5	0	2	1	20	5	15	11	20	40	5	20	498	499
10	0	3	0	0	1	4	1	1	8	3	4	1	4	0	2	2	8	1	17	3	161	210	183	10	463
11	1	0	1	0	0	4	9	1	4	1	3	5	4	0	2	9	17	1	15	4	214	46	17	10	499
12	1	2	3	0	2	2	5	6	2	4	3	3	4	2	1	7	14	3	10	3	148	178	11	214	409
13	0	0	2	0	1	1	8	3	7	2	3	3	0	0	2	3	16	14	13	8	45	115	350	10	542
14	0	3	2	5	2	3	2	3	3	4	4	3	3	1	1	2	16	2	7	4	19	225	72	186	331
15	1	1	3	8	1	1	3	1	3	4	3	3	3	2	0	5	19	4	1	6	112	248	225	592	20
16	4	1	5	0	1	2	9	3	1	3	3	4	1	0	0	1	17	6	14	7	126	30	187	10	20
17	4	1	0	0	2	5	5	3	3	1	5	0	0	0	1	3	16	3	1	5	39	140	10	10	150
18	3	2	1	3	0	4	2	3	2	4	1	4	0	1	0	9	17	8	6	4	304	7	20	135	20
19	3	2	3	7	1	9	1	3	2	1	5	5	2	2	0	3	18	1	12	5	25	14	488	654	20
20	3	3	5	0	0	1	2	3	0	0	1	1	1	2	0	10	14	4	5	2	327	140	83	794	10

	77	78	79	80	81	82	83	84	85	86	87	88	89	90	91	92	93	94	95	96	97	98	99
1	80	97	50	142	20	350	300	140	785	600	700	500	931	813	600	41	108	196	111	82	91	98	45
2	60	96	60	69	30	155	300	80	170	700	900	500	973	771	600	38	86	36	139	632	1070	58	40
3	30	123	20	74	10	105	499	120	700	355	900	800	949	757	700	58	1460	148	117	58	848	1424	58
4	20	963	90	57	60	90	450	60	300	250	900	700	925	840	700	43	32	108	202	112	33	58	958
5	70	700	50	450	80	95	350	388	365	500	900	800	953	792	600	41	106	776	124	145	100	1568	58
6	40	900	70	152	20	170	430	610	505	466	800	800	967	799	700	678	1244	125	103	1352	526	58	58
7	30	67	50	152	90	300	300	210	645	600	500	500	858	806	600	66	58	172	87	93	790	734	23
8	10	15	60	60	40	470	75	310	100	688	900	900	893	600	883	58	58	160	140	101	81	39	956
9	20	187	17	60	10	510	65	200	366	600	900	900	795	700	736	121	124	636	58	107	58	1316	94
10	90	500	975	70	70	270	500	230	100	472	800	600	879	400	841	1136	58	1280	812	82	58	1604	58
11	70	47	99	10	80	290	110	550	100	578	872	985	900	400	848	137	74	63	137	58	57	91	139
12	159	10	77	50	90	277	550	630	150	400	946	925	900	700	616	46	126	1028	1532	184	58	58	42
13	364	30	87	80	30	50	166	300	100	577	988	939	500	400	876	306	1172	103	89	129	137	128	902
14	88	30	457	80	10	590	130	10	225	400	907	844	800	600	678	116	58	58	58	58	37	104	114
15	258	60	397	50	70	650	250	90	260	200	932	865	800	700	750	58	196	72	52	115	668	109	106
16	237	80	89	90	80	721	390	185	100	200	974	907	600	400	765	72	846	34	58	86	136	58	58
17	178	20	45	20	200	135	200	100	100	400	955	810	400	400	740	58	85	596	740	208	125	1100	120
18	600	80	95	30	55	500	45	200	400	200	708	919	500	500	720	115	1496	58	88	58	58	115	58
19	57	40	741	40	66	125	50	350	154	200	991	961	700	600	735	58	123	58	75	134	133	920	141
20	700	40	87	90	35	500	400	800	684	100	715	864	600	700	690	105	416	58	704	1388	58	58	992

www.ingramcontent.com/pod-product-compliance
Lightning Source LLC
Chambersburg PA
CBHW080936220526
45465CB00008BA/3067